3

Estrella de Mar mira a la criatura que está al lado.

—No pareces una criatura marina —le dice.

Lee Aucoin, *Directora creativa*
Jamey Acosta, *Editora principal*
Heidi Fiedler, *Editora*
Producido y diseñado por
Denise Ryan & Associates
Ilustraciones © Helen Poole
Traducido por Santiago Ochoa
Rachelle Cracchiolo, *Editora comercial*

Teacher Created Materials

5301 Oceanus Drive
Huntington Beach, CA 92649-1030
http://www.tcmpub.com
ISBN: 978-1-4807-2992-6
© 2014 Teacher Created Materials
Printed in China
WaiMan

¡En sus marcas, listos, fuera!

Escrito por James Reid
Ilustrado por Helen Poole

¡Estrella de Mar, Cangrejo, Pingüino y Foca están listos! Es hora de la Carrera de las Criaturas Marinas.

2

—Soy Perropez. Puedo nadar más
rápido que tú. Puedo ir en bicicleta
más rápido que tú. Y puedo correr más
rápido que tú —ladra.

—¡En sus marcas! ¡Listos! ¡Fuera!
—grazna Gaviota.

Las criaturas marinas nadan rápido. Perropez nada despacio.

9

Las criaturas marinas andan rápido en bicicleta. Perropez se está acercando.

Las criaturas marinas corren despacio.
¡Perropez las pasa!

De repente, Pelícano cae en picada.
—¡Ese cangrejo podría ser mi almuerzo!
—grita.

14

Perropez ladra. Persigue a Pelícano,
quien pronto se aleja.

—¡Qué carrera tan genial! —chilla Foca.

Meta

4

3

19

—¡Todos ganan! Perropez nos engañó.
No es una criatura marina y no terminó
la carrera. Pero recibe una medalla
especial por salvar a Cangrejo. ¡Hurra!
—dijo Foca.